王冶——著绘

中信出版集团 | 北京

图书在版编目（CIP）数据

小单质单挑化合物 / 王冶著绘 . -- 北京：中信出版社，2024.4（2024.10重印）
（爆笑化学江湖）
ISBN 978-7-5217-5736-1

Ⅰ . ①小… Ⅱ . ①王… Ⅲ . ①化学 - 少儿读物 Ⅳ . ① O6-49

中国国家版本馆 CIP 数据核字 (2023) 第 086881 号

小单质单挑化合物
（爆笑化学江湖）

著 绘 者：王冶
出版发行：中信出版集团股份有限公司
（北京市朝阳区东三环北路27号嘉铭中心 邮编 100020）
承 印 者：北京尚唐印刷包装有限公司

开 本：787mm × 1092mm 1/16 印 张：38 字 数：1000千字
版 次：2024年4月第1版 印 次：2024年10月第3次印刷
书 号：ISBN 978-7-5217-5736-1
定 价：140.00元（全10册）

出 品：中信儿童书店
图书策划：喜阅童书 策划编辑：朱启铭 由蕾 史曼菲
责任编辑：程凤 营 销：中信童书营销中心
封面设计：姜婷 内文排版：杨兴艳

服务热线：400-600-8099
投稿邮箱：author@citicpub.com

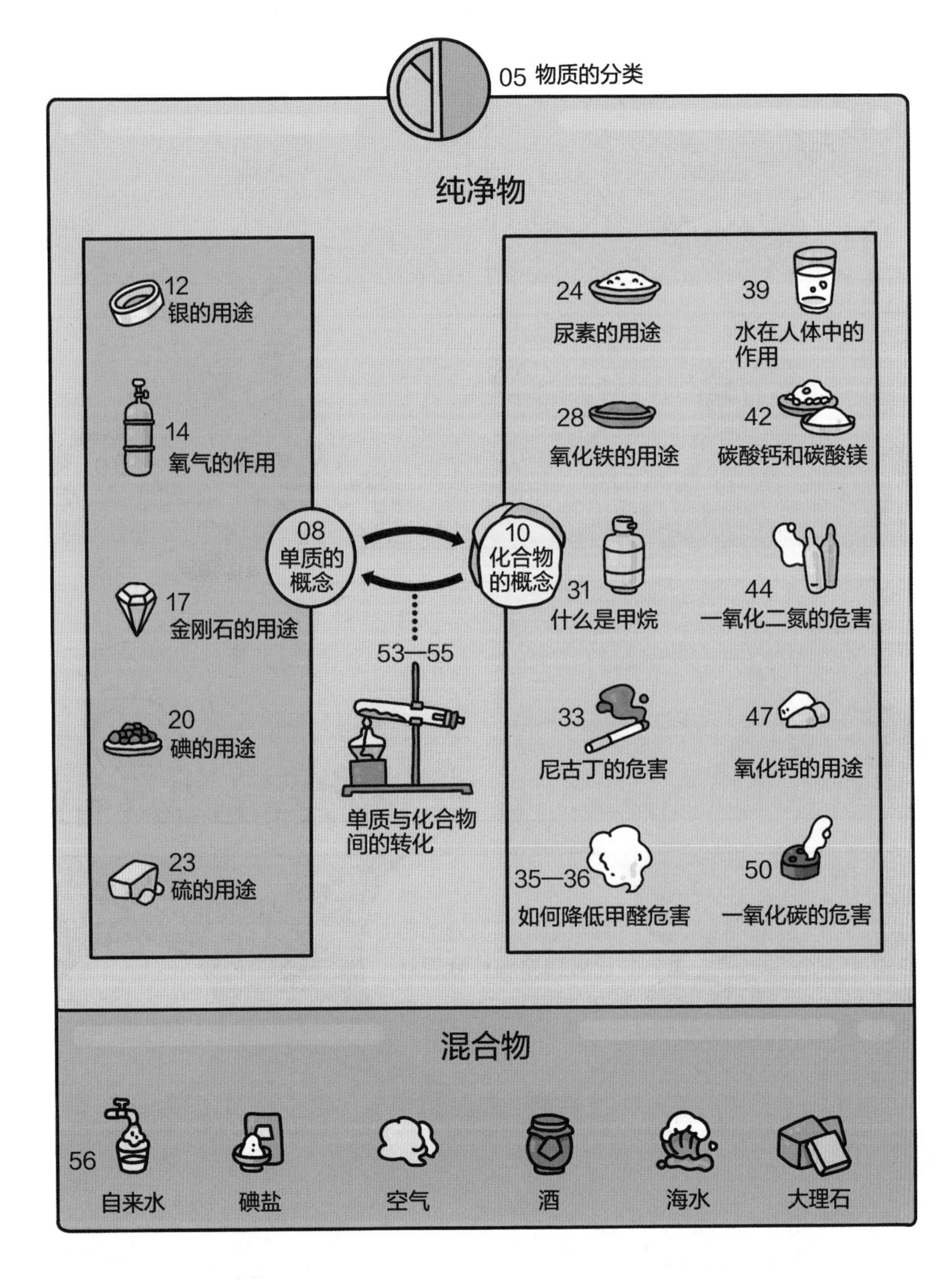

05 物质的分类
纯净物
12
银的用途
14
氧气的作用
17
金刚石的用途
20
碘的用途
23
硫的用途
08
单质的
概念
10
化合物
的概念
53—55
单质与化合物
间的转化
24
尿素的用途
39
水在人体中的
作用
28
氧化铁的用途
42
碳酸钙和碳酸镁
31
什么是甲烷
44
一氧化二氮的危害
33
尼古丁的危害
47
氧化钙的用途
35—36
如何降低甲醛危害
50
一氧化碳的危害
混合物
56
自来水
碘盐
空气
酒
海水
大理石

哈！

别慌，我有防熊神器。

里面是辣椒面和胡椒粉。
滋！

咳咳咳！
嗖！

哈哈哈，你们俩给自己撒调料哪！我最喜欢吃麻辣味的了！
赶紧跑吧！
怎么办呀？

咣！

咣！

多亏了你们单质帮忙。
明明是我们化合物赶走熊的。

哼！
你们化合物同样厉害，谢谢！谢谢！

我们单质更厉害！
我们化合物比你们厉害！

你说！单质是不是比化合物厉害？
你说，我们和它们比，到底谁厉害？

你们能不能先展示一下自己，然后我再做判断哪？
好，我们单质今天就来挑战一下化合物！

你看，它现在是氧气，属于单质，是纯净物。
嗨！

木炭在氧气中燃烧，二者发生反应，生成的二氧化碳，属于化合物。
嗨！

现在，二氧化碳与氢气、氮气、氧气、水蒸气等其他气体混合在一起，组成了空气，属于混合物。

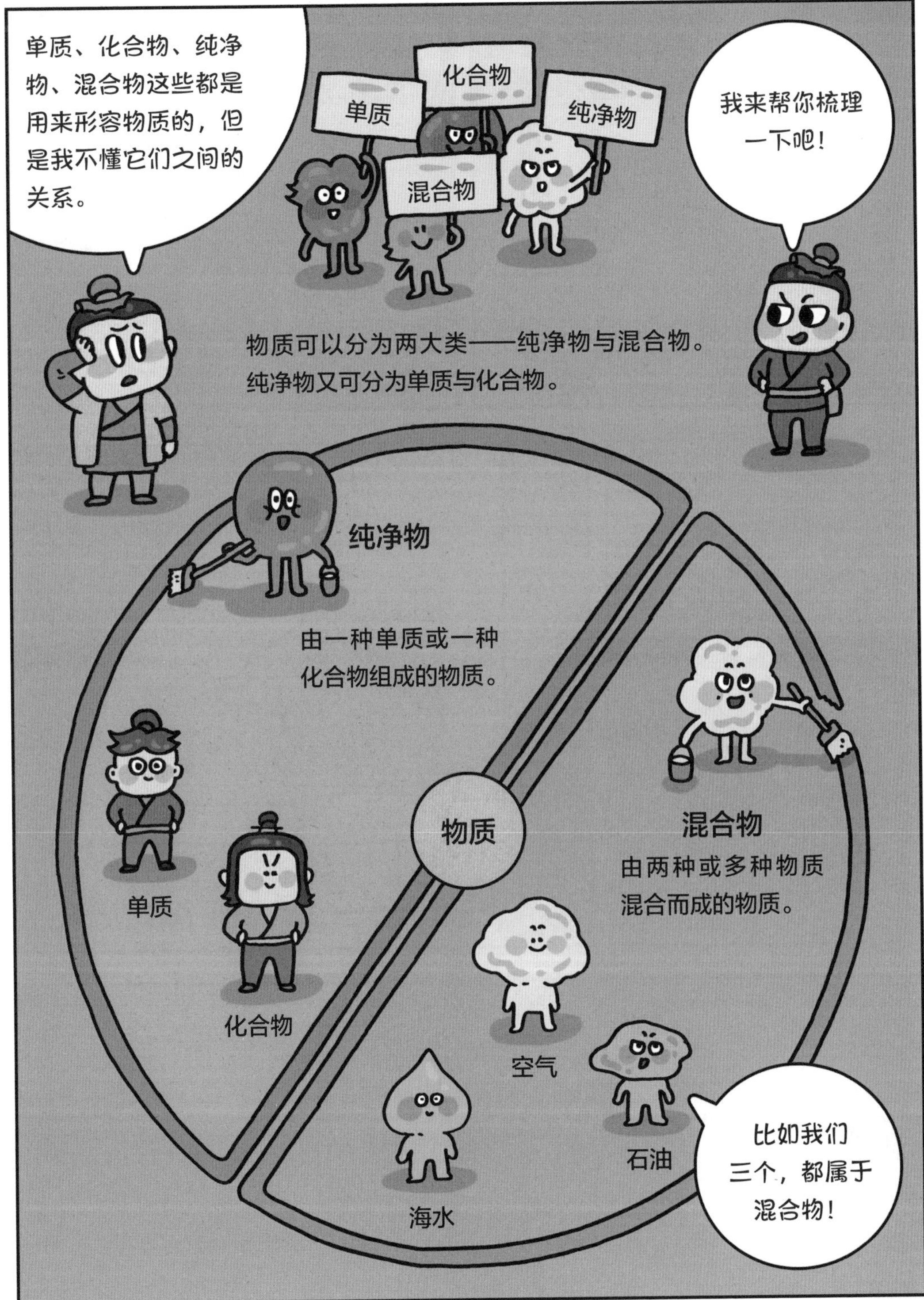
单质、化合物、纯净物、混合物这些都是用来形容物质的，但是我不懂它们之间的关系。
化合物
单质
纯净物
混合物
我来帮你梳理一下吧！
物质可以分为两大类——纯净物与混合物。纯净物又可分为单质与化合物。
纯净物
由一种单质或一种化合物组成的物质。
物质
混合物
由两种或多种物质混合而成的物质。
单质
化合物
空气
石油
海水
比如我们三个，都属于混合物！

江湖澡堂
铁矿石
欢迎光临！

铁矿石身上有好多杂质呀，看起来好脏。

泡个澡真舒服。

再来一个桑拿，应该就能把自己洗得干干净净了。

怎么身上还是这么脏？

找一氧化碳来给您搓澡吧！
它是我们这儿最厉害的搓澡工，
一定能把您搓干净。

唰！
唰！
一氧化碳
在高温环境里，
我能帮你把身上的
杂质除去，让你干干
净净的。

现在你已经从铁矿
石混合物恢复成了
铁单质。
哇！感觉好
清爽！
跟一氧化碳学
一学，把我搓
得干净点。

单质的概念

刚才来洗澡的铁是一种单质吗？
是的，单质是由一种元素构成的纯净物。你看，这是一群铁原子。
铁原子
唰！
铁原子构成了铁，也可以说铁是由铁元素组成的，所以铁是单质。
铝
铁
银
氧气
碘
硫
我们都是单质！
哇！看来自然界有不少单质呀。

水是怎么来的？
我知道。

一些科学家相信“外源说”，认为水来自彗星或陨星。

彗星是宇宙中的“运水车”，带有冰壳，有人认为是它将水带到地球的。

还有一些科学家相信“内源说”，认为地球在形成的时候，内部本身就含有水。
火山喷发将水汽带到了地表。

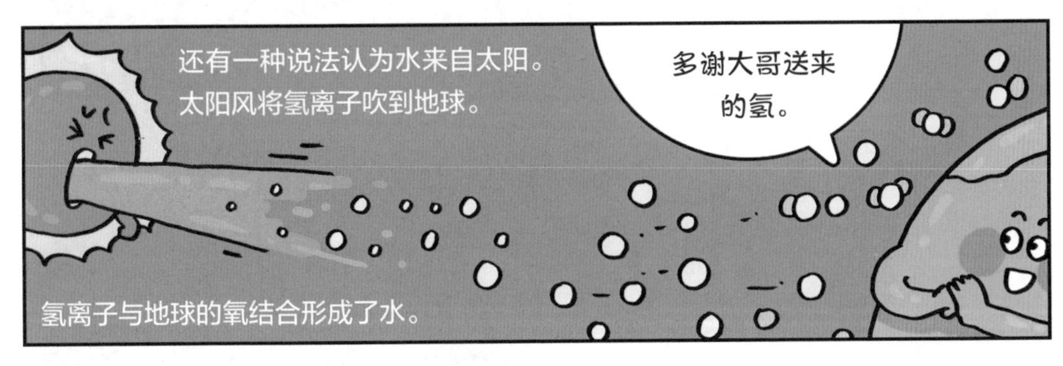
还有一种说法认为水来自太阳。太阳风将氢离子吹到地球。
多谢大哥送来的氢。
氢离子与地球的氧结合形成了水。

地球上的水就是这么来的。

我说的是地上这摊儿，现在知道是怎么来的了。看好你的狗。

化合物的概念

化合物是由什么组成的呢？
化合物是由两种或两种以上的元素的原子或离子组成的物质。
氢原子
氧原子
唰！
一个水分子由两个氢原子和一个氧原子构成，水是由氢元素和氧元素组成的化合物。
甲醛
水
碳酸
一氧化二氮
氧化钙
一氧化碳
尼古丁
甲烷
我们都是化合物！
原来化合物也有很多呀。

民间有句俗话：印堂发黑，要倒霉。
别迷信，你就是被氧化了，去洗洗就好了。
银

有需要搓澡的吗？
有！

用擦银布给你搓吧，对你特别有效果。

用劲大一点没关系吧？
没关系，搓吧！

这劲也太大了吧！
唰！

咣！
哎呀！

呵呵，倒霉的银。
我就说我要倒霉。
好在您最后被搓干净了。

银是一种贵金属，和黄金一样，在古代也是商品交换的媒介。

银离子有杀菌的功能。

铜银离子化水消毒技术已经应用在泳池消毒方面，用这种技术消毒后，水不仅不会含有有害物质，还能保持长久的杀菌能力。

银饰品在接触硫化氢和氧气之后，会在表面形成硫化银和氧化银，时间长了，银饰就会发黑。

将银饰放入可乐饮料中，硫化银、氧化银与可乐中的碳酸反应生成碳酸银。

碳酸银很容易被擦掉，擦掉之后，能恢复光亮。

油锅着火了！

哎呀妈呀，太吓人了！

遇到油锅着火，不用慌，用锅盖盖住就行。

我还是有点不放心，一会儿过去看看他。

人呢？

在这儿呢，你不是让我用锅盖盖住吗？

油锅着火不要浇水灭火，会发生危险。
关
开
关火。
平推锅盖，盖住锅。
等锅内氧气耗尽，火自然就熄灭了。

氧气
氧气是无色无味的气体单质。生物体的呼吸离不开氧气，氧气是维持生命的重要能源。
我们血液中的血红蛋白将氧气运送到身体各部分的组织中，再将二氧化碳带回肺部排出。每分每秒我们都在呼吸。
二氧化碳
氧气
血红蛋白
氧气
血管
血红蛋白
二氧化碳
植物除了光合作用之外，也会进行呼吸作用。植物吸收氧气，将体内的有机化合物转化成二氧化碳和水，并释放能量来满足生长需要。

破碎的
啤酒瓶?

破碎的啤酒瓶是可回收垃圾。
捡起来可避免他人受伤，
也避免浪费。

这一块我倒
是可以利用
一下。

打磨，
穿孔。
危险，请勿模仿!

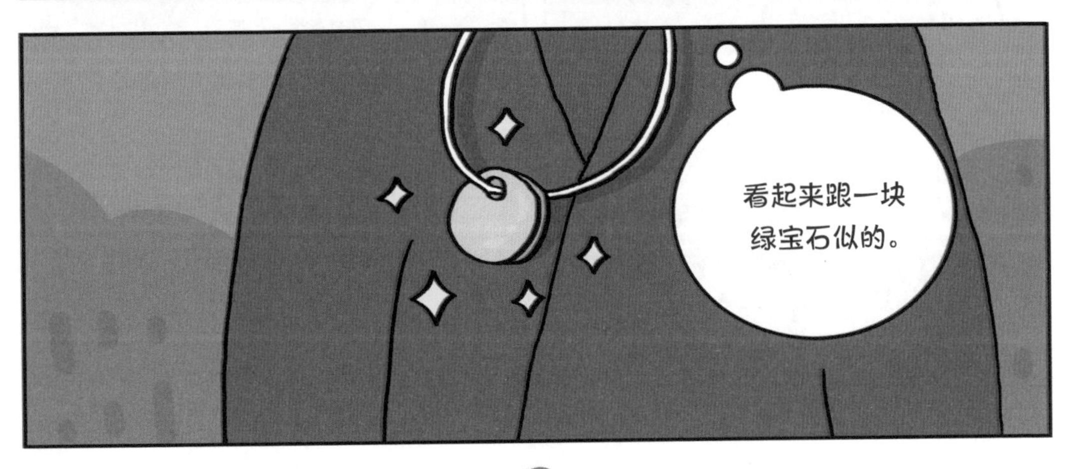
看起来跟一块
绿宝石似的。

我从来没见过这么
大块的绿宝石。
一定
很稀有。

他这块
不是宝石，是
玻璃。

没错儿。
你怎么知道？
不过看着挺
像吧？

你捡破啤酒
瓶的时候我就在
你后边。
手艺
不错呀。

金刚石是由碳元素组成的矿物，是自然界天然存在的最坚硬的物质。

钻石

金刚石经过切割、打磨、抛光就变成钻石了。金刚石与钻石的关系就像木头和家具，属于同一种物质。

纯净的钻石是碳元素组成的单质晶体。

地质勘查用的金刚石钻头

切割玻璃用的玻璃刀

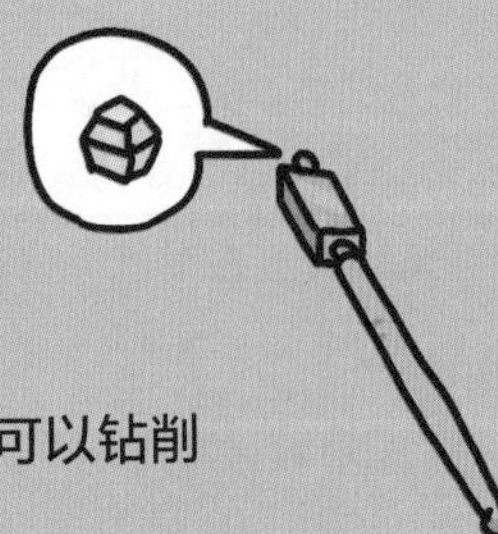

它们表面镶嵌的金刚石可以钻削坚硬的岩石或者玻璃。

酒没有了！
没有就再买！

去买点酒！
好嘞！

买酒去喽！

酒买回来了。
好，把酒给我。

你买的什么酒?
碘酒呀，爷爷刚才说的不就是让我买碘酒吗?
让你买点酒，不是买碘酒。

好难喝!
噗!

在生活中，有时候会发生儿童误食碘酒的情况。
碘酒会对胃黏膜造成较大的损伤。
如果误食少量，可以通过喝牛奶的方式来稀释碘酒，减轻对胃的伤害。
120
如果误食较多，情况很严重，身体不适，应该立刻去医院接受治疗。

碘是紫黑色的非金属晶体单质，碘元素还是人体必需的微量元素之一。

碘在地壳中的含量稀少，但是在海水和海带、海鱼等中的含量较高。

碘酒和碘伏是生活中常用的消毒剂。

哎呀！

赶快给我涂呀！

应该用哪一种呢？

碘酒（碘酊）

碘伏

主要成分：碘、碘化钾，以乙醇（酒精）为溶剂。

主要成分：碘、聚乙烯吡咯烷酮，以水为溶剂。

碘酒对伤口的刺激性更大，容易引起疼痛。

哇！

因为碘伏中不含酒精，刺激性小，所以皮肤有破损的伤口消毒要选用碘伏。

你知道黑玉子吗？
黑玉子是在温泉中煮熟的鸡蛋。表面是黑色的，好吃还有营养。
不知道啊，我没见过。

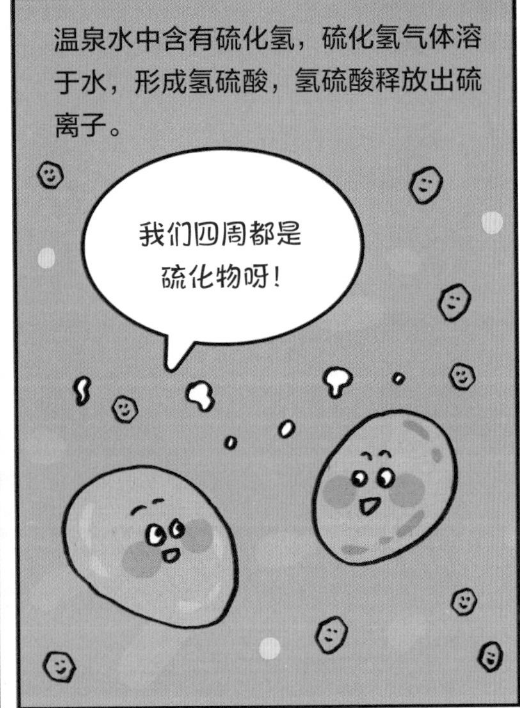
温泉水中含有硫化氢，硫化氢气体溶于水，形成氢硫酸，氢硫酸释放出硫离子。
我们四周都是硫化物呀！

嗨，我们是硫化物。
我们是钙离子，一起玩呀！

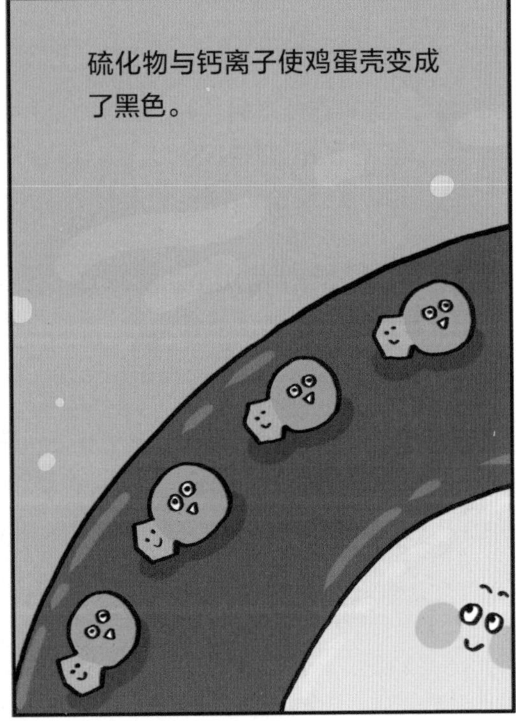
硫化物与钙离子使鸡蛋壳变成了黑色。

鸡蛋已经在里面泡了两三个小时了，应该能吃了。

黑玉子真好吃呀！给其他人送去尝一尝。

你来得真及时！你怎么知道我铺的鹅卵石路石头不够了呢？

这是鸡蛋，不是鹅卵石，好可惜呀！
嘭！

硫黄又称硫，是有特殊臭味的非金属单质。
好恶心呀。
好难闻！
硫黄
二氧化硫
硫化氢
火山口喷发的气体中有硫化氢和二氧化硫，两者反应形成硫和水，硫就在火山口附近积累下来。
有的天然的温泉池中有硫的气味。
火山
你放屁了吗？
是硫的味道。
硫是淡黄色的结晶或者粉末。
硫黄
硝石
炭
火药
+
+
=
嘭！
突火枪
中国古代四大发明之一的火药，主要成分为硫黄、硝石和炭。

什么是尿素？

尿素为什么叫作
尿素呢？

因为尿中含有
尿素呀。
呵呵，我可
不闻。

尿素是哺乳动物和某些鱼类体内蛋
白质代谢分解的主要含氮的终产物。

尿素是一种氮肥。
俗话说，肥水不流外人田，
这些尿别浪费。

哗啦！

你的这些“肥水”也要等腐
熟发酵后再使用呀，哪有像
你这样乱泼的？

最早发现的有机物是从动植物等生物体中获得的，所以命名为有机物，有机化合物包括碳的氧化物、碳化钙、碳酸盐等。
化合物的种类非常多，有上千万种。
分身术，变！
有机化合物
氢
碳
1828年，化学家维勒用无机物氰酸铵合成了有机物尿素之后，有机物与无机物之间的界限被打破，出于历史和习惯的原因，有机物这个词继续沿用着。
尿素
有机化合物是指主要含碳元素和氢元素的一类化合物。
碳
无机化合物不含碳元素。
无机化合物
氧化物
无机化合物中有一类是氧化物。氧化物由两种或多种元素组成，其中一种是氧元素。
?

世界上最早的指南针

我做了一个司南，
带你去看看。
什么是司南？

它为什么能指
示方向？
把含有磁性的
铁矿石做成的“勺
子”放在刻有方位的
“地盘”上就是司南，
它能指示方向。

地理北极
地球在地理上分为
北极和南极。
地理南极

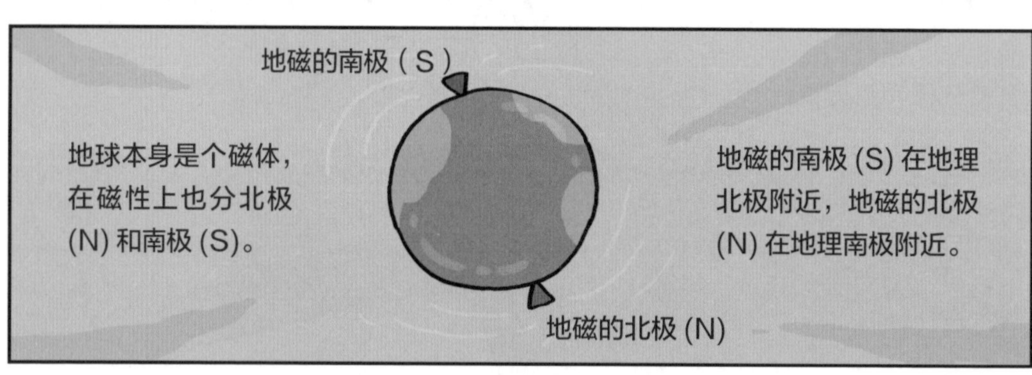
地磁的南极（S）
地球本身是个磁体，
在磁性上也分北极
(N) 和南极 (S)。
地磁的南极 (S) 在地理
北极附近，地磁的北极
(N) 在地理南极附近。
地磁的北极 (N)

磁极的特点是异名磁极相互吸引，同名磁极相互排斥。
在一起！
离远点！
N S N S
N S
S N

指南针指示方向的原理

地磁的南极（S）

假设有一个可以自由旋转的磁针。

磁针在自由转动的时候，受到地球磁场的影响。

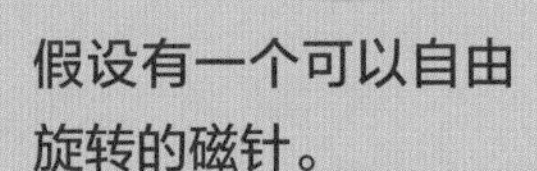

地磁的北极 (N)

地磁的南极 (S)

当磁针停下来的时候，磁针的 S 极指向地理南极（地磁的北极）。

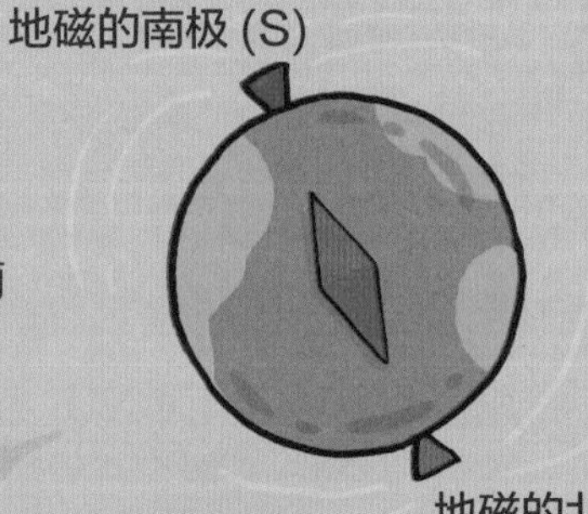

磁针的 N 极指向地理北极（地磁的南极），所以司南能够指示方向。

地磁的北极 (N)

氧化铁

纯铁是一种白色或银白色的有金属光泽的金属单质。

平时见到的铁往往带有红色的铁锈，是因为铁与空气中的水和氧气发生化学反应，形成了三氧化二铁。

人类最早是从天空落下的陨星中发现的铁，在商代的陵墓中，出土了由陨铁打造的兵器。

司南是世界上最早的磁性指南仪器，当旋转的勺子停下来的时候，勺柄所指的方向就是正南方向。

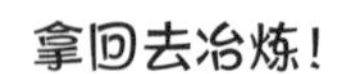

出土的商代铁刃铜钺，经专家鉴定铁刃由陨铁锻制。

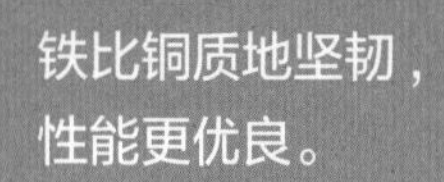

铁比铜质地坚韧，性能更优良。

司南的勺子是用磁铁矿石雕刻而成，也就是说勺子是一整块磁性氧化铁（四氧化三铁）。

基本上每一家做菜都离不开我。
天然气的主要成分是甲烷。

天然气
空气
如果天然气发生泄漏……
当空气中天然气的浓度为 5%~15% 时，遇明火就会发生爆炸。

嘭！
快打 119 报警电话！

家里安装它吧！有了它，家里更安全。
嗨，我是天然气泄漏报警器。

它们逃脱
不过我灵敏的鼻子。

危险！危险！天然气
泄漏了。危险！

不好，有情况！
怎么了？

你放屁了吧？
屁里面也含有甲烷。
不好意思，
确实放了。
噗！

你家燃气管道阀门漏气，
快去检查一下吧！
我还以为是屁中含有的甲烷气体
被你察觉到了呢。

甲烷是一种有机化合物，是无色无味的气体。

沼气、天然气和矿井坑道中坑气的主要成分就是甲烷，甲烷可以在空气中燃烧。

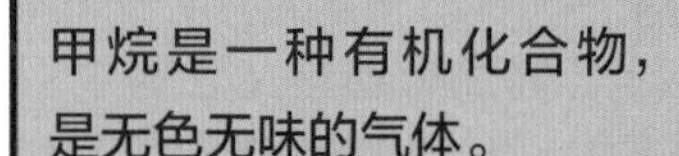

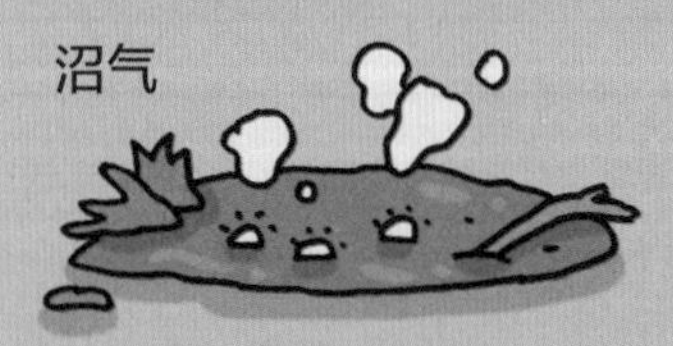

下水道中的有机物质分解产生沼气，主要成分是甲烷。

甲烷在下水道中与空气混合浓度超过 5% 后，遇明火就会发生爆炸。

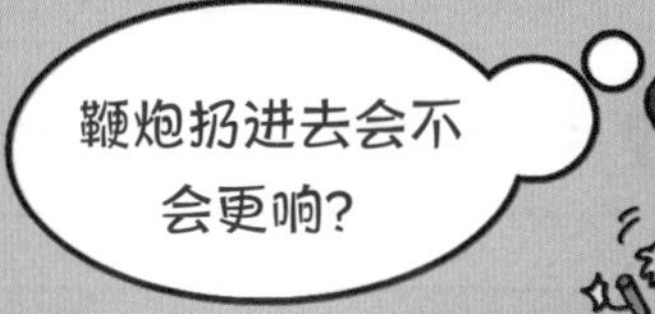

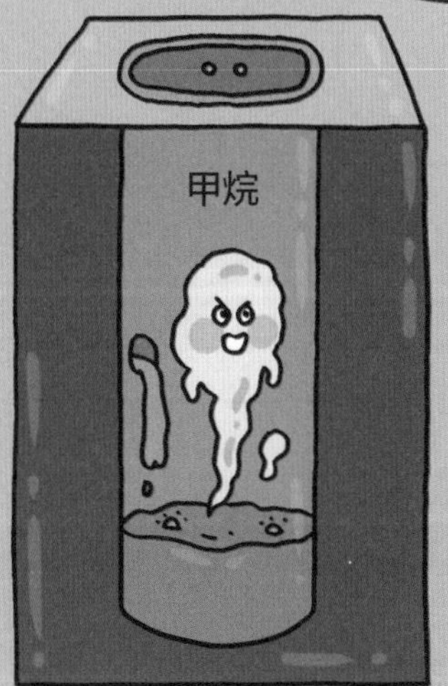

几乎每年都会发生儿童将点燃的鞭炮扔进下水道，引发爆炸的事故。向下水道中扔点燃的鞭炮或者香烟等明火物品是非常危险的行为。

这是公共场所，禁止吸烟！

你没看到这儿还有个小孩呢吗？

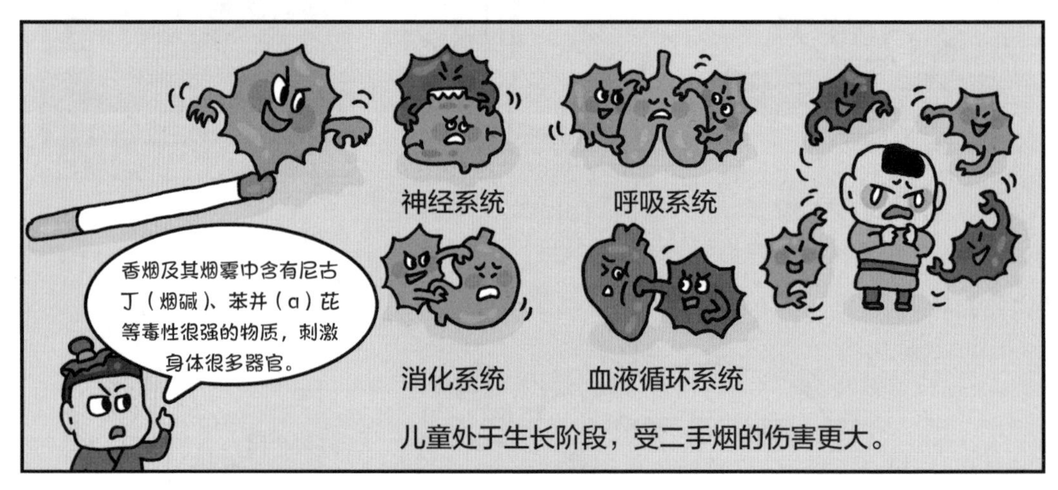

神经系统
呼吸系统
消化系统
血液循环系统
香烟及其烟雾中含有尼古丁（烟碱）、苯并（a）芘等毒性很强的物质，刺激身体很多器官。
儿童处于生长阶段，受二手烟的伤害更大。

那我去外面吸烟。
小孩，你跟去干吗呀？

他是我爸！
哦，你爸呀。

我觉得你说的有道理。我想戒烟，不吸了。烟送你了。
我也不吸烟呀。

尼古丁是一种有机化合物，存在于茄科植物中。
尼古丁
烟草
番茄
枸杞
因吸烟导致疾病而死亡的人，全球每年超过700万人。由二手烟导致疾病而死亡的人数超过100万。
离我们远点！
1支香烟所含的尼古丁可以毒死1只小白鼠。
吸烟有害健康，
少年儿童不要吸烟。
并且要远离二手烟。
20支香烟所含的尼古丁可以毒死1头牛。

你看我的新家装修得怎么样?
装修得不错!

咳咳!
但是我感觉甲醛太多了!

甲醛对身体健康有危害,开窗通通风吧!

让风吹走甲醛!

我再送你一点仙人掌、
富贵竹、龟背竹和铁树，
听说它们能吸收甲醛。
那谢谢啦。

你管这些叫一点吗？
我出去都费劲啦！
收着吧！
别客气！

甲醛是一种无色有刺激性的气体化合物，是一种有毒物质。人体吸入过量的甲醛就会中毒。
甲醛
头晕，嗓子也不舒服。
甲醛在自然界中广泛存在，动物和植物的体内随着氨基酸的代谢都会产生微量的甲醛，但不会在体内积聚。
甲醛能凝固蛋白质，对皮肤和黏膜有强烈刺激作用。

新装修的房屋，室内的地板、地毯、家具、壁纸、油漆基本上都含有并且会释放甲醛。
我们是无处不在的甲醛！
衣柜
壁纸
书桌
地毯
地板

通过专家实验得知，想要利用植物降低室内的甲醛含量，放置数量必须庞大，这种方法是不现实的，而且效果微乎其微。
活性炭包
活性炭、开窗通风这些方法可以降低室内甲醛的含量。
半年后我再搬进来住吧！
通风

一千零六！
一千零七！

呼！

要练会儿搏击吗？
来吧！

你怎么了？

我看他刚才喝了不少水，
应该是水中毒了。

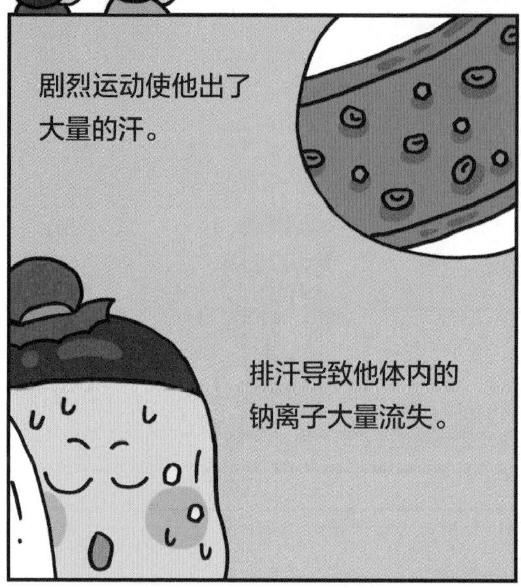
剧烈运动使他出了大量的汗。
排汗导致他体内的钠离子大量流失。

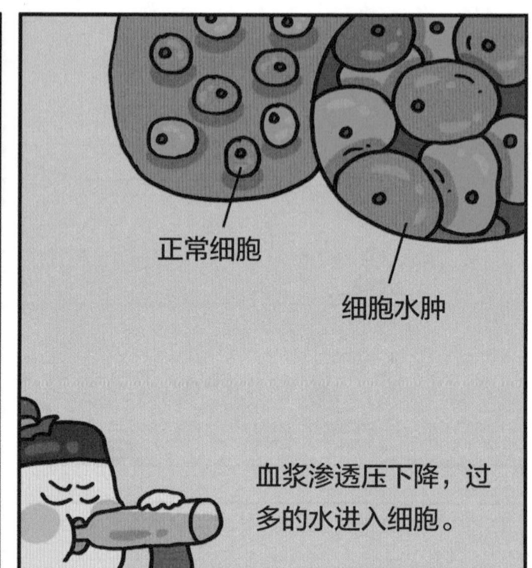
正常细胞
细胞水肿
血浆渗透压下降，过多的水进入细胞。

脑细胞水肿导致颅内压增高，神经受到压迫，所以造成了头痛、头晕的感觉。
神经
好挤呀！我太难受了。

下次记住，剧烈运动之后不要一次性喝大量的水。
赶紧去医院！
正常人一次性喝水在 5000 毫升之上，就有可能出现水中毒的情况。

水又叫氧化氢，是由氢元素和氧元素组成的无色、无味、透明的液体化合物。

地球表面 71% 的面积都被水覆盖着，水是生命之源，大多数的科学家认为生命诞生于 35 亿年前的海洋。

成年人一天需要喝 1000~1500 毫升的水。

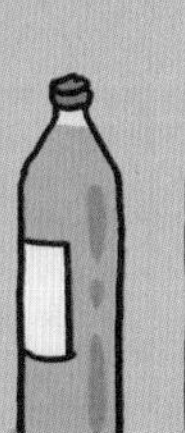

如果每日饮水量过多，可能导致水肿、电解质紊乱、水中毒等症状。

水在人体内输送营养，排出废物。

水是细胞和体液的组成部分。

水能调节人体体温。

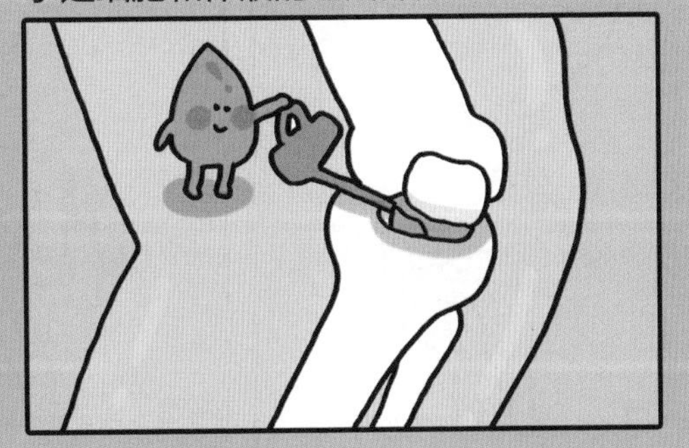

水是人体内的润滑剂。

他要倒水吗？
可能是吧。

我是醋。
醋！你来干什么？

我能把你变成溶于水的乙酸钙。

左摇摇！

右摇摇！

上摇摇！
下摇摇！

他是在调鸡尾酒吧？
对呀，我看过，都是拿个杯子在不停摇动。

味道怎么样，好喝吗？

我清洁杯子呢，用食醋能溶解杯子里的水垢！
噗！这里面是醋！
不是饮料呀。

碳酸是二氧化碳与水反应形成的一种化合物。可用于制造饮料和化学药品。
为什么家里的水壶使用久了会产生水垢？
碳酸
二氧化碳
水
水垢的导热性很差，烧水会费电或者浪费燃料。
二氧化碳
二氧化碳与水形成碳酸。
饮用水水源地的水经自来水厂处理后输送到各家各户。
水中含有碳酸氢钙、碳酸氢镁等，俗称硬水。
碳酸与地下石灰岩中的主要成分碳酸钙、碳酸镁反应形成碳酸氢镁、碳酸氢钙。
碳酸
在烧开水的时候，水中的碳酸氢钙、碳酸氢镁分解成碳酸钙、碳酸镁等。碳酸钙、碳酸镁等就是水垢，也称水碱。
碳酸氢钙
地下水

来吸一吸这气球里面的气体呀？
这里面是什么？
你是笑气贩卖者吧？跟我们回去接受调查。

笑气属于危险化学品，你涉嫌诱导消费者购买吸食“笑气”，这是违法行为。

你是不是吸食笑气了，跟我们回去配合调查。
哈哈哈！

你没吸吧？
我没有吸。

糟糕，吸入了刚才那个人气球里的笑气。

笑气就是一氧化二氮，是一种无机化合物，无色，稍有甜味。大量吸入“笑气”后会产生神志错乱、视听功能障碍和肌肉收缩能力降低等一系列症状。
你为什么要笑？
一氧化二氮
我的脸部肌肉失控。
我的头好晕，胸闷。
痛吗？
笑气虽然能让人发笑，但是并不能给人带来快乐，相反，笑气对大脑神经细胞有麻醉作用，笑气急性中毒会导致低血压、对中枢神经系统造成损害。
不痛！
笑气是危险化学品。
一氧化二氮还被牙医当作麻醉剂，患者在吸入一氧化二氮后会丧失痛觉，但头脑会保持清醒。
“笑气”还具备成瘾性，你们一定要远离它。

这是
什么呀？
我送你的自发
热食品。

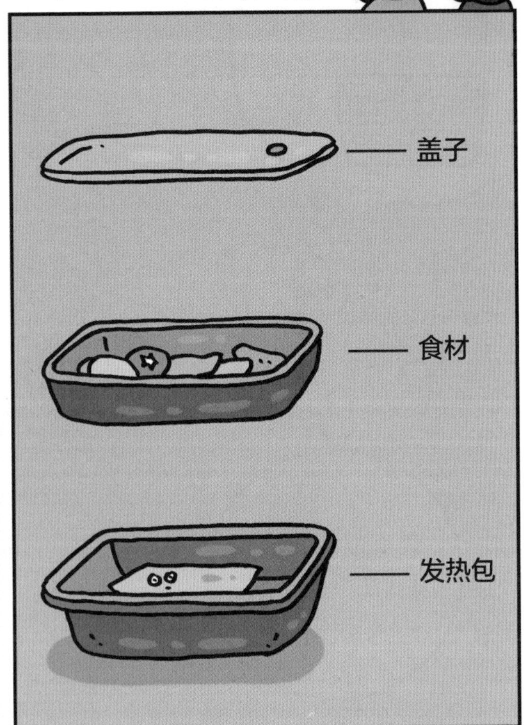
盖子
食材
发热包

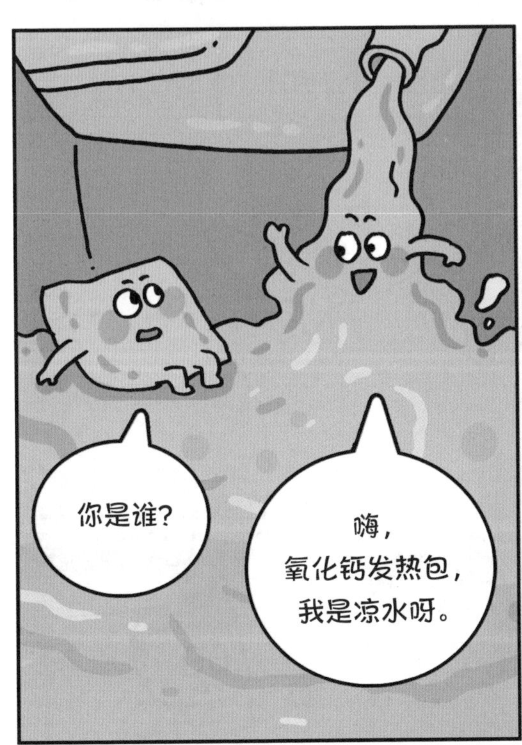
你是谁？
嗨，
氧化钙发热包，
我是凉水呀。

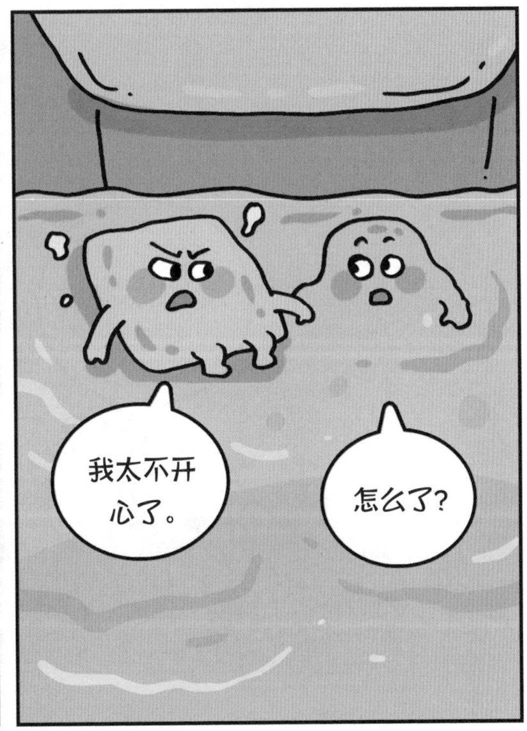
我太不开
心了。
怎么了？

美食都在上面，
而我在下面待着，
吃不到。

我很火大，
很生气！
我支持你！

哎呀！这是怎
么了？
嘭！

一定是盖子上的排
气孔被你堵住了。
加热的时候要
多加注意。

需要小心对待的氧化钙

氧化钙是一种白色固体无机化合物，有吸湿的特性，生石灰的主要成分就是氧化钙。
我特别喜欢跟水分子在一起。
氧化钙
石灰石
二氧化碳
将石灰石煅烧再冷却就能得到氧化钙，同时产生二氧化碳。
加热包（主要成分是氧化钙）
干燥剂
氧化钙可以作为食品的干燥剂，起到防潮防霉的效果。如果把氧化钙干燥剂扔到饮料瓶、保温瓶或密闭性较好的瓶体中，会导致瓶内空气急剧膨胀，从而发生爆炸。
自热火锅就是利用氧化钙与水发生反应，在短时间内释放大量的热来蒸煮食物的。

一氧化碳中毒施救方法

他怎么了？

一氧化碳中
毒了吧？

快移到外面通
风处。

不能喂水，
以免呛到他。

让他侧身躺着，
避免呕吐物导致他
窒息。

赶紧拨打 120
急救电话。

心跳微弱或心跳停止的话赶紧对他进行心肺复苏。

!

你要干什么？
呀，醒了！

（两周后……）
中毒不是两周前的事吗，怎么现在还有点不正常呢？

呃！
呃！
呃！

一氧化碳中毒者恢复后可能会存在一个月的假愈期。
带你再去医院看一看。

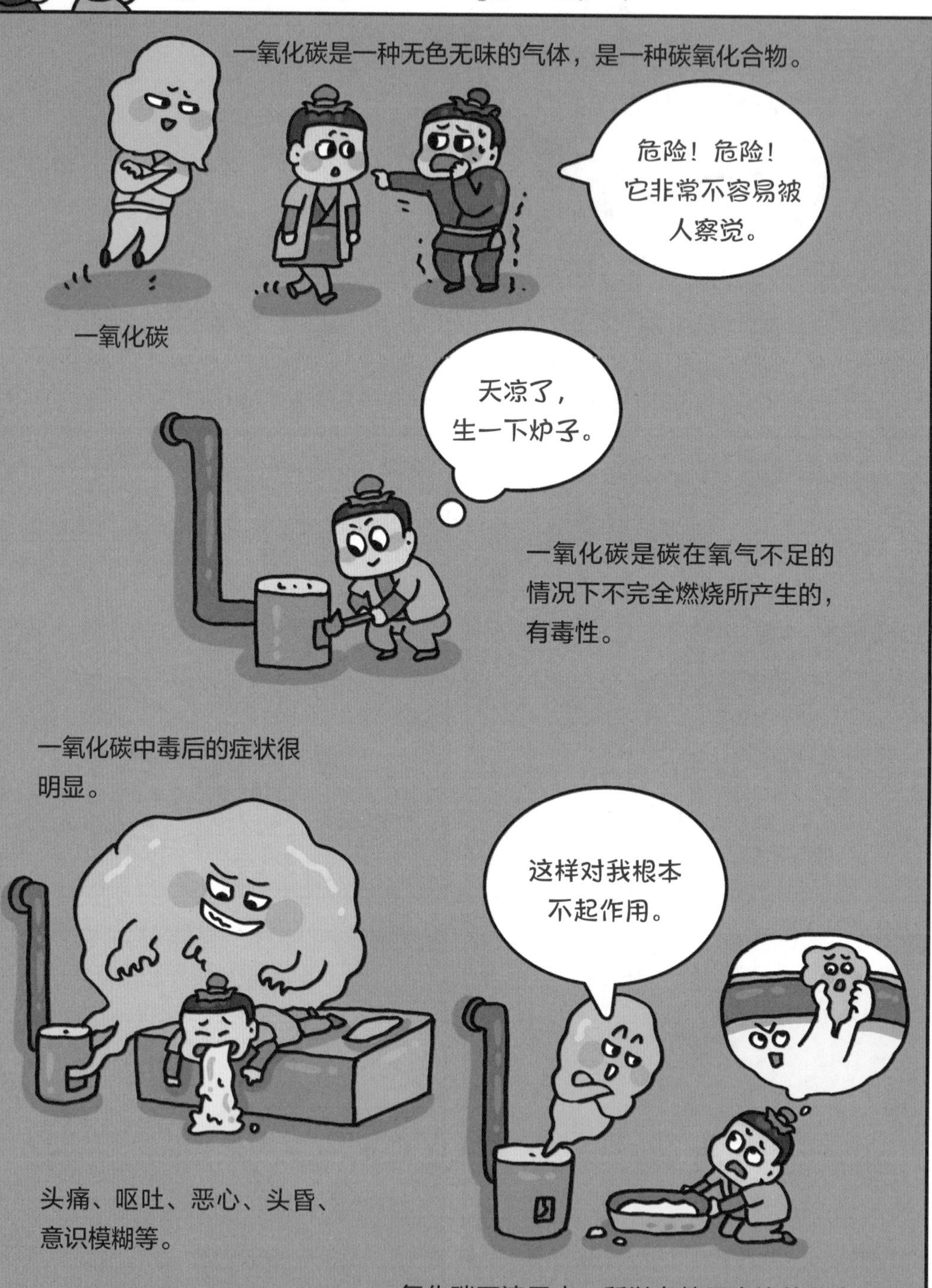
一氧化碳是一种无色无味的气体，是一种碳氧化合物。
危险！危险！它非常不容易被人察觉。
一氧化碳
天凉了，生一下炉子。
一氧化碳是碳在氧气不足的情况下不完全燃烧所产生的，有毒性。
一氧化碳中毒后的症状很明显。
这样对我根本不起作用。
头痛、呕吐、恶心、头昏、意识模糊等。
一氧化碳不溶于水，所以在炉子旁边放盆水以防止一氧化碳中毒的做法是无效的。

硫，去火山探险太危险，别去了！
你怕就回去，我自己去。

不好！

硫失踪好些天了。

我回来了，快用一个不漏水的东西接住我！
是硫在说话。
声音是从天上传来的。

哗啦！
哗啦！

我回来了。

你怎么是随着雨水回来的？

我遇到岩浆，燃烧后变成了二氧化硫气体。

飞到天上，与水蒸气结合，最后变成酸雨落了下来。

你们用什么接住的我？怎么有一股味儿呢！

尿壶，找别的来不及了。

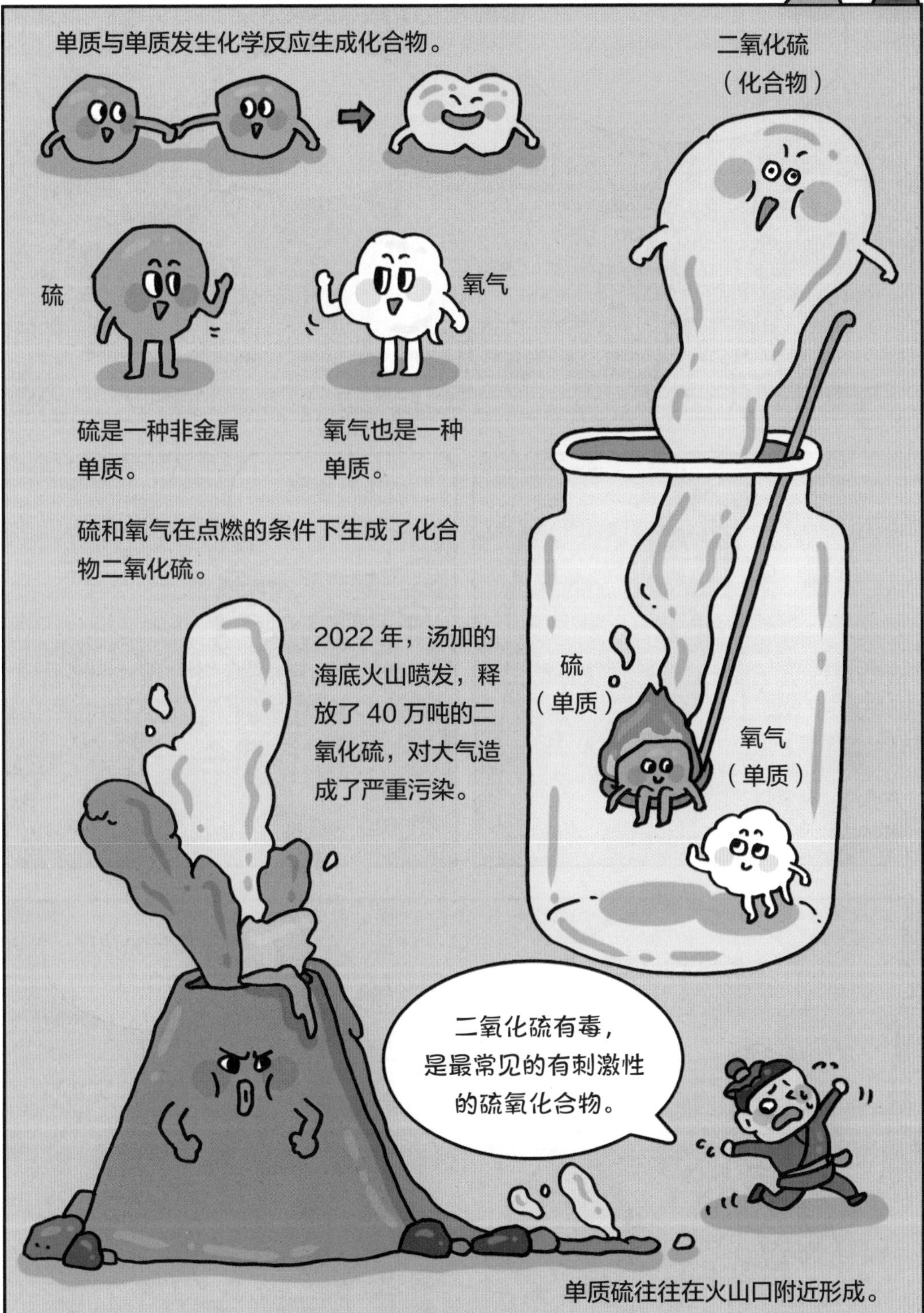
单质与单质发生化学反应生成化合物。
二氧化硫
（化合物）
硫
氧气
硫是一种非金属单质。
氧气也是一种单质。
硫和氧气在点燃的条件下生成了化合物二氧化硫。
硫
（单质）
氧气
（单质）
2022年，汤加的海底火山喷发，释放了40万吨的二氧化硫，对大气造成了严重污染。
二氧化硫有毒，是最常见的有刺激性的硫氧化合物。
单质硫往往在火山口附近形成。

我来表演一个变身的魔术。
好期待呀。
氧化铁

氧化铁变成了铁。
铁

太厉害了！你是怎么变的？
其实是一氧化碳起的作用。

化合物与化合物反应可以生成新的化合物和单质。
化合物
化合物
化合物
单质
氧化铁是化合物，一氧化碳也是化合物。
赤铁矿的主要成分是氧化铁。
一氧化碳
二氧化碳（化合物）
一氧化碳（化合物）
氧化铁（化合物）
铁（单质）
氧化铁和一氧化碳在高温的条件下形成了单质铁和化合物二氧化碳。
铁矿石炼铁就是利用了这种原理。
木炭在炉子里产生一氧化碳，一氧化碳将铁矿石中的铁提炼出来。

自来水是水、钙盐、镁盐等组成的混合物。

碘盐是氯化钠与碘酸钾等组成的混合物。

空气是氮气、氧气、二氧化碳等气体与其他微粒组成的混合物。

酒是乙醇与水的混合物。

海水是水与氯化钠、氯化镁等很多物质组成的混合物。

大理石是碳酸钙、碳酸镁、氧化钙等物质组成的混合物。

单质与化合物之间可以转化，
这说明你们是一家人呀！

对呀，我们干吗非要一较高下呢？

我们是一家人。

正是因为有你们的存在，世界上的物质种类才得以丰富。

和谐相处，我们一起让世界多姿多彩！
!

本套书出现过很多小伙伴，你还记得它们在哪一册吗？

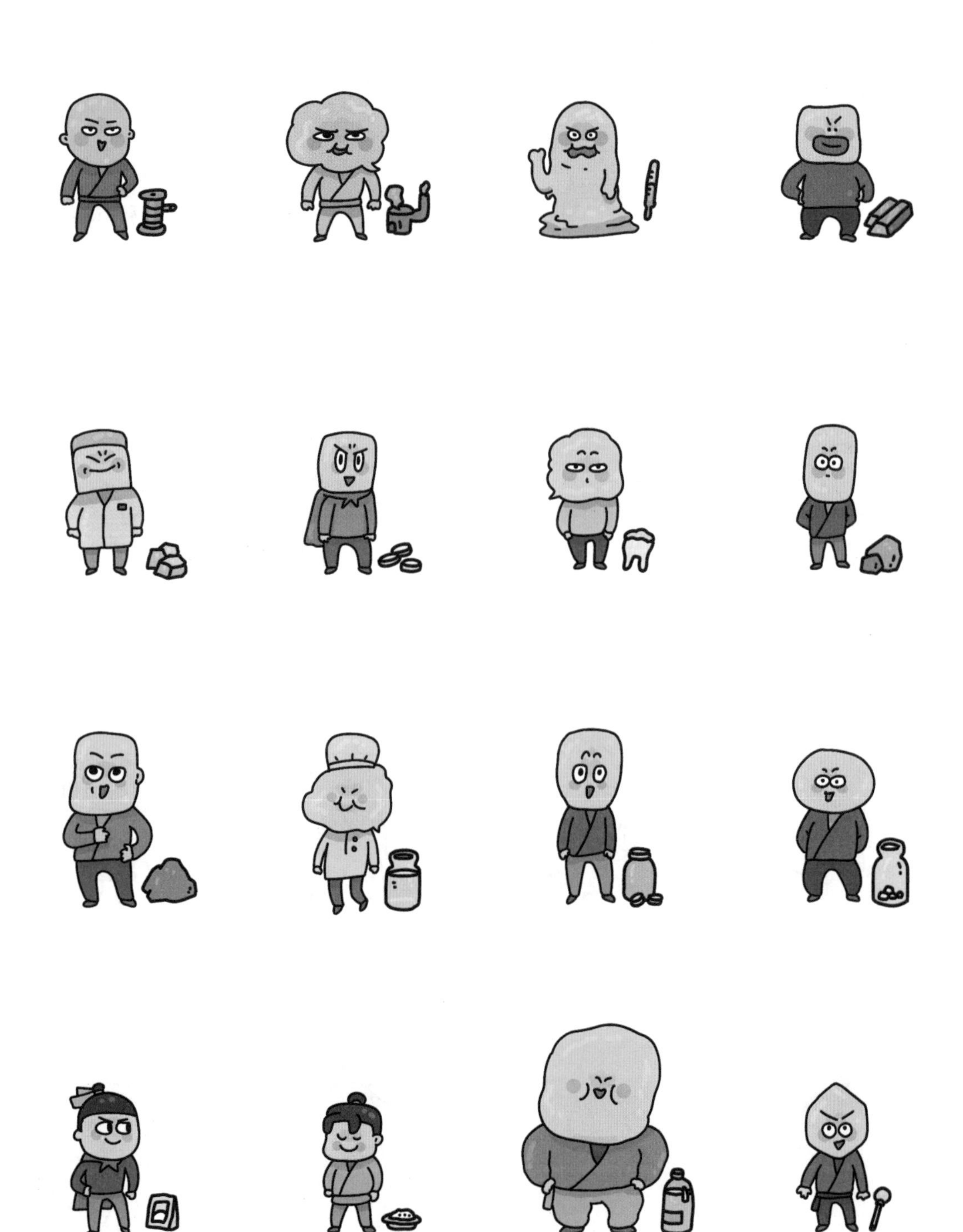

嗨!
期待下次相聚!